中国学生培优Q计划

彩图版

满足孩子好奇心理

主编 张新欣

天津出版传媒集团
天津科学技术出版社

编者的话

《中国学生培优Q计划》丛书基于不同年龄阶段学生的特点，结合国内外学生成长最新研究结果，分别从IQ（智商）、EQ（情商）、MQ（德商）、AQ（逆商）、SQ（灵商）和CQ（创商）六个方面，以故事的形式有计划地编排，旨在让学生通过阅读，潜移默化地提高"6Q"，从而得到全面发展。

丛书共六册，每册独立成书，又与其他各册有机相连。内容丰富生动、简洁易懂，配图精当贴切、趣味盎然。丛书遵循循序渐进的原则，每天一个故事，每天一点熏陶，可以在很大程度上提高学生的阅读兴趣。

《IQ——教会孩子辨别是非》侧重引导学生感受善恶、分清美丑、辨明是非，教会学生认识什么是真善美。

《EQ——帮助孩子与人交往》以培养学生的情商为基本目标，使学生通过轻松愉悦

SQ 满足孩子好奇心理

的阅读,学会与人交往的基本道理。

《MQ——培养孩子美好品德》从不同角度展现并赞扬了诚实、勇敢、善良、自信、坚强等众多优秀品质,培养学生良好的道德品质和行为习惯。

《AQ——激励孩子勤勉上进》帮助学生轻松获取战胜困难、挫折的信心和勇气,逐步锻炼出顽强的心理承受能力。

《SQ——满足孩子好奇心理》以发展学生丰富的想象力为主要目标,使学生通过阅读和思索,获得基本的分析现象、灵活处理问题的能力。

《CQ——激发孩子思维潜能》以启迪学生的智慧为主,让学生在成长的过程中,运用智慧战胜困难、解决问题。

在丛书的编撰过程中,我们诚邀教育专家精心编排了"启迪"栏目。"启迪"从不同的角度,以读者的视角写成,帮助学生在轻松的阅读中得到有益的启迪。

我们深信:青少年朋友一定会对这套图文并茂的精美图书爱不释手,同时,他们的人生羽翼一定会在这些经典的故事中渐渐丰满!

目录

满足孩子好奇心理

- 6 盐水救鸡蛋
- 8 音乐医院
- 10 录音机的贡献
- 13 地球泄密
- 16 "测量"宇宙的鹰与雕
- 19 鹰与北斗星
- 22 动物会自己治病
- 25 孔雀战胜了大雕
- 27 海里的刺猬
- 30 光明使者
- 33 大海和礁石
- 35 潮落潮起
- 37 苹果落地
- 40 打造科学金牌的人
- 43 举起太阳的勇士
- 47 聪明的高斯
- 50 戴眼镜
- 53 小毛驴过河
- 56 被错怪的小瓶塞
- 59 怪雨
- 62 煤和树是一家人
- 65 神奇的七色光
- 69 小猩猩出诊
- 72 月亮跟我走

76	狗和自己的影子	112	缝缝补补见真情
79	爱迪生孵小鸡	115	精致的拉链
82	奇怪的镜子	118	能吃灰尘的工具
85	狮子照哈哈镜	121	庞大的铁马
88	谁跟小羚羊去避暑	124	征服天空
91	小土坑	127	家庭生活的快乐使者
94	铅笔的故事	130	将电随身带
97	钢笔的故事	133	建筑的粮食
100	味精的发明	136	水下的偷袭者
103	口中的芬芳	140	太阳跳下来
106	温度的卫兵		
109	鱼刺变来的梳子		

盐水救鸡蛋

一个好动的小鸡蛋想下水洗个澡,但他没和伙伴们打招呼,就从菜篮里跳出来,爬上了锅台。"别跳!"清水姐姐还没来得及拦住他,小鸡蛋已经"扑通"一下跳进了水锅。

小鸡蛋在水锅中受到的浮力比他自身的重力小,虽然清水姐姐已经使出了全身的力气,可还是没能把他托起来。最后,小鸡蛋挣扎着沉到了锅底。

锅台旁边的食盐见此情景,二话不说,奋不顾身地跳进了水锅,在清水姐姐的帮助下,化成了盐水。此时,盐水所提供的浮力,超过了小鸡蛋的重力,小鸡蛋一下就从锅底浮了上来。他终于得救了。

小鸡蛋坐在锅台边,心里直纳闷儿:刚才自己一个劲儿往下沉,后来,怎么又往上浮了呢?

"小鸡蛋,还愣着干吗?还不快谢谢食盐哥哥,是他救了你!"清水姐姐擦着汗水说。

"不,是清水姐姐和我共同救了你,怎么能算我一个人的功劳呢?"食盐哥哥腼腆地说。

这时,大家都笑了。

启迪

原来,盐溶于水之后,水的浮力就会变大,所以,小鸡蛋才浮出了水面。小朋友,你也动手做做这个有趣的实验吧!

音乐医院

牛伯伯年纪大了,身体很不好,经常失眠。加上儿女们生活在离他较远的城市,不能常来看望他,更使他感到寂寞。因此,他常常无缘无故地发脾气,过后又常常摇头叹息。

一次假期,儿女们回家看望他,发现这一情况后,把他送进了"音乐医院"。牛伯伯大声地吵闹着:"带我回家,你们这些不孝顺的家伙!想把我扔在医院不管吗?"

这时,百灵鸟护士来了,劝牛伯伯说:"既然来了,您就在这里住几天吧。"

牛伯伯气呼呼地躺在床上,闭上眼睛不答理孩子们。不一会儿,病房里响起了轻柔的音乐,牛伯伯听着听着,就进入了梦乡。

一觉醒来,百灵鸟护士进来问:"睡得好吗?"牛伯伯活动着筋骨高兴地说:"已经好长时间没这样美美地睡过了,你们给我施了什么魔法?"

"哪有什么魔法呀!还记得我们给您放音乐听吗?音乐能放松神经,促进血管、内分泌系统正常工作,对治疗疾病、抗衰老等都大有好处呢!"

牛伯伯听后,点点头笑了。

启迪

听音乐对我们的生活有很多好处,比如,人们看书看得累了,听一听音乐,就能缓解疲劳,保持头脑清醒。小朋友,你喜欢听音乐吗?

录音机的贡献

林大夫是市里有名的医生，人们得了病，都愿意找他医治。最近，他有了一个爱好：身边常带一台录音机。大家看了都很奇怪。

一次，一位年轻的妈妈不幸被汽车撞了，休克了五天，还没有醒来的迹象。人们便把林大夫请来，他了解完情况，又检查了病人后问："病人有孩子吗？"

"有，在外婆家。"病人的丈夫回答。

林大夫听完，马上命令录音机："录音机，去录孩子的哭声，快去！"

不一会儿，录音机回来了，趴在年轻妈妈的耳旁，"呃哇……呃哇……"婴儿的哭声立刻传了

出来。

就在这时,年轻的妈妈突然睁开了眼睛,嘴里喊道:"孩子,我的孩子!"

屋里的人看着眼前的一切,都惊呆了,一定要林大夫解释为什么会出现奇迹。林大夫对录音机说:"还是你来给大家解释吧!"

"年轻妈妈们对自己孩子的哭声非常敏感,即

便是在睡觉的时候也是这样。我就是利用她的这种本能,来唤醒她的。"录音机认真地说。

在场的人听后,都齐声称赞林大夫不但医术高明,而且了解患者心理,真了不起。

启迪

心理暗示对人的影响很大。不妨写一句激励自己的座右铭贴在墙上,当读书和学习疏懒的时候,抬头看一眼,就会起到振奋精神的作用。你想试试吗?

满足孩子好奇心理

地球泄密

一架钻井机的钻头,已钻到了一万米的深度。他欢快地旋转着,对地球说:"我已走进了您的心脏,想了解您的奥秘。"地球用浑厚的声音回答道:"你只是来到了我的浅层外壳,离我的心脏还远着呢?"

"什么?"钻头停住了脚步说,"您说的是真话?"

"是的。一万米的深度,仅仅是我的半径的几百分之一。但我可以向你透露一

些我的奥秘。""谢谢!您快说,都有哪些奥秘?"钻头急切地问。

地球说:"我的内部是一个高温、高压的世界,越往深处就越热。里面金属的含量比岩石多,导热能力强。因此,当我的岩浆喷出地面时,温度常在一千摄氏度以上,而我核心的温度在五千摄氏度左右。"

"啊!这么多炽热的熔融物质,为什么不能冲垮您的躯体?"钻头迷惑不解地问。

"是这样的,"地球解释说,"我的外壳是坚硬的岩石,地核像巨大的磁场紧紧地吸引着我周身的各个部分,把炽热的熔融物质严密地包裹起来，与我体内的物质紧紧吸附在一起，因此，我是不会被冲垮的。"

启迪

地球是我们共同生活的家园，古往今来，一代又一代的科学家，都在探索其内部的神秘世界。亲爱的小朋友，读了这个故事，你对地球是不是也有了新的认识呢？

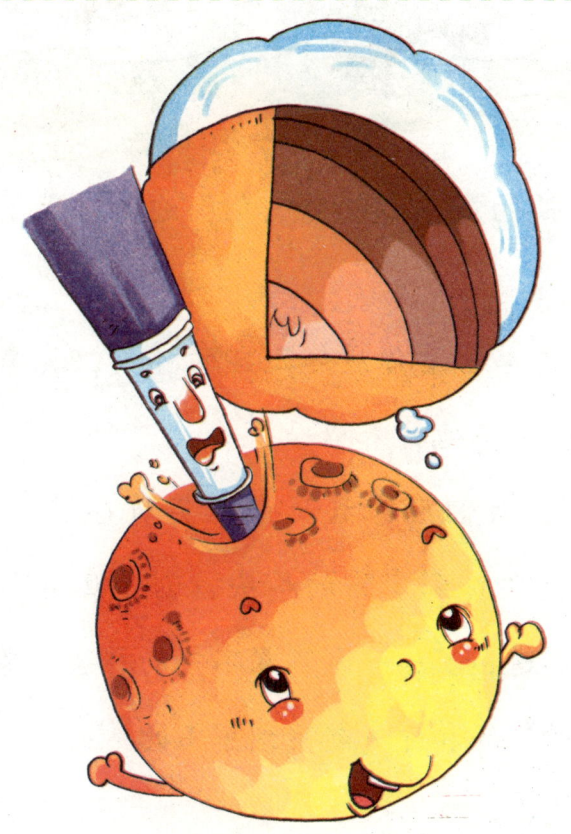

"测量"宇宙的鹰与雕

一只矫健的鹰在高空中飞翔,迎面碰上了他的知心好友大雕。

"喂,老弟,看你展翅飞翔的样子,真像是一位远征的战士!"雕大声地打着招呼。

"是呀,我们鹰家族历来以英勇奋进著称于世。我这次决心长途飞翔到宇宙的尽头,创造鸟类飞翔史上的奇迹!"鹰回答道,显出一副不屈不挠的神态。雕被感动了,说:"好样的!我和你一起飞到宇宙的尽头!"说着,就随鹰一道向前飞去。

满足孩子好奇心理

他们奋力飞翔了一个多月,还是没有飞到宇宙的尽头。鹰对着天空大呼起来:"宇宙,你来说说,你到底有多大?"突然,一个洪亮的声音从极遥远的地方传来:"我是宇宙。你们捕捉食物的地球,130万个加起来才顶得上一个太阳;而在银河系里却有着千亿颗像太阳那样的恒星。在我的怀抱里,像银河系这样庞大的天体真是数也数不清。至于我究竟有多大,从古至今也没有谁能说清。"

"这么说,我们完全做错了吗?"鹰问道。

"不!你们探索我的精神是好的,但应该懂得科学知识,不可盲目地行动!"宇宙耐心地回答着。

启迪

时空是无限的,宇宙是神秘的。我们要想努力探索,就需要有刻苦钻研的精神,只有这样,才能够探索更多的奥秘。相反,如果不努力学习科学文化知识,甚至不懂装懂,那只会变得盲目无知。

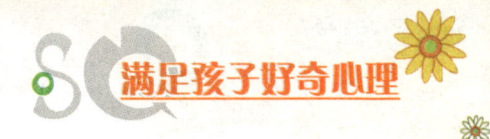

鹰与北斗星

一只鹰夜晚归来,夜色使他迷失了方向。这时,他看到了闪闪发亮的北斗七星,忍不住高声叫道:"谢谢你们!北斗七星!是你们帮助我辨别了方向,你们是宇宙中最亮的

星星!"

"不,你说错了。我们不是最亮的星星。"北斗七星齐声说。

"这怎么可能呢?"鹰大惑不解地说,"在夜空中,你们是人们看到的最亮的星星啊!"

"是的,"北斗七星又开了口,"这主要因为我们距离地球较近。宇宙中有许许多多的恒星,实际上他们比我们亮得多。只是他们离你们十分遥远,所以,看起来都成了天上的一个小光点。"

"那么,宇宙到底有多少颗星星呢?"鹰急切地问道。

满足孩子好奇心理

"啊,告诉你吧,"北斗七星认真地说:"地球上的人,用肉眼能看到的星星总共才不过几千颗。而通过天文望远镜,可以看到的星星至少有十亿颗以上。其实,宇宙中星星的数目还远远不止这些。在巨大的天文望远镜里,可以看到在遥远星系中那些模糊的光斑,其中蕴藏了上千亿颗星星……"

听了北斗七星的话,鹰惊讶得几乎要从空中跌落下来。

启迪

小朋友,读了这个科学故事,你一定会为宇宙的广袤无垠而惊叹不已吧!那么,就让我们更加努力地学习科学知识,用自己的智慧和行动去探索这个空中大乐园吧!

动物会自己治病

人生病了可以到医院，请医生诊断治疗。动物没有医院可去，生病之后怎么办呢？其实，不少动物都有一套自我治疗的独特方法。

一天，一只小黄羊正在地里吃草，被一只在天空盘旋的老鹰发现了。老鹰的力气真是惊人，大得甚至可以把一头小牛抓到空中，带回去细细品尝。现在，这只老鹰看到了眼前的美味佳肴，立刻瞪圆了双眼，急速俯冲下来。

在老鹰的利爪就要抓到小黄羊腰部的一瞬间，发现敌情的小黄羊一转身逃

进了旁边的小树林。茂密的树枝挡住了老鹰的视线,也挡住了小黄羊的身体。老鹰只好悻悻地离开了。

　　小黄羊虽然脱险,但他的腰部被抓伤了,伤口不断往外流血。小黄羊跑到山崖峭壁处,把伤口紧紧贴在上面,没过多久,伤口上的血就止住了。

后来,经过科学家的检测,发现在峭壁上有一种蜂蜜状的黑色液体,里面含有许多止血生肌的物质。

启迪

自然界中,动物们的食物不需要烹饪,不需要清洁;它们生病了不需要打针,不需要吃药,可是,它们的生命力却很强,这是为什么呢?小读者,你有兴趣去探索这些奥秘吗?

满足孩子好奇心理

孔雀战胜了大雕

有一回,一只孔雀正在绿茸茸的草地上散步,突然,一只大雕从空中俯冲下来,伸出铁钩般锋利的双爪,张开长长的嘴,凶猛地向孔雀扑下来。

可是,孔雀却一点儿也不惊慌。只见他周身迅速一抖,那些鲜亮艳丽的羽毛立刻都张开了。接着,尾巴上那些竖起的羽毛突然现出一个个大圆斑,好像千万只大眼睛一起

盯着大雕。大雕锐利的目光注意到了这样的突变,面对这么多"大眼睛",非常害怕,只好拍拍翅膀溜走了。

启迪

小朋友,你知道吗?不是所有的孔雀都会开屏,开屏的本领是雄孔雀的专利。这个现象是不是很奇怪呀?其实,自然界还有许多稀奇的事物呢,只要你多读书、多观察,就会揭开自然界更多神秘的面纱。

海里的刺猬

有一天，小黄鱼和新朋友小硬鳄鱼正高兴地玩游戏。忽然，小硬鳄鱼只觉得眼前水波一阵晃动，再找小黄鱼，却怎么也找不到了。

"小黄鱼，小黄鱼，你在哪儿？快出来呀！"小硬鳄鱼心急如焚地呼唤着。

"哈哈，你找小黄鱼啊，他正在我的肚子里呢！"只见一条凶狠无比的大鲨鱼不知从哪里钻了出来。

小硬鳄鱼一听,急了,厉声说道:"我警告你,快把小黄鱼放出来!"

"小东西,说话的口气怎么这么大!你是谁?"大鲨鱼简直不敢相信自己的耳朵。

"小硬鳄鱼,人称'海中刺猬'!"小硬鳄鱼回答道。

大鲨鱼看着浑身长满尖刺的小硬鳄鱼,一点儿也不在乎。他张开大口,毫不费力地就把小硬鳄鱼吞到了自己的肚子里。

满足孩子好奇心理

"哎哟!"大鲨鱼没游多远,就觉得肚子一阵疼痛。原来,小硬鳄鱼在大鲨鱼的肚子里把身子鼓得像个刺球,先咬破了鲨鱼的胃,接着又撕破了鲨鱼的肚皮,最后带着小黄鱼钻了出来。

大鲨鱼有气无力地漂浮在海面上,眼巴巴地望着小硬鳄鱼、小黄鱼摇着尾巴游走了。

启迪

小硬鳄鱼之所以能战胜凶残无比的大鲨鱼,就在于他能适应海中险恶的生存环境,遇到危险时有独到的解决办法。小朋友,我们也要认真学习,找到适合自己的方法去战胜困难。

光明使者

夜晚来临的时候,在灯光的照耀下,一切都如同白天一样清晰。说起灯光,就不能不说爱迪生,因为正是他把灯泡当做最好的礼物,献给了整个人类。

在白炽灯发明以前,人们用煤油灯、蜡烛、弧光灯照明。这些照明工具不但光亮微弱,而且还会产生有害气体,不宜长期使用。爱迪生很早就有发明电灯的想法,所以有一段时间,他把主要的精力都放在了这项发明上。

经过大量的实验,大部分的难题都解决了。但是,爱迪生却一直没有找到适合做灯丝的材料。他先后试用了上千种材料,甚至连邻居老人的胡子都用

满足孩子好奇心理

上了,可都失败了。那段时间里,爱迪生整天都在想这个问题,简直入了迷。

一天晚上,妻子正在做针线活儿,爱迪生在一旁看着看着,忽然就有了灵感,他一把抢过妻子手中的棉线,直奔实验室。到了实

验室，他和助手把棉线烧成炭丝，安装在灯泡上。当爱迪生接通电源后，灯泡立刻发出了耀眼的光芒，把整个实验室照得通明。世界上第一盏白炽灯就这样诞生了！

后来，爱迪生又用钨丝取代了炭丝。从此，白炽灯就成了最受欢迎的照明灯具，给整个世界带来了光明。

启迪

大发明家爱迪生经过坚持不懈的努力，先后试用了上千种材料，经历了无数次失败，终于给人类带来了光明。小朋友，你有为人类造福的志向吗？你愿意向爱迪生学习吗？

大海和礁石

礁石生活在广袤的大海中,挺着坚实的身躯,一动不动地望着眼前茫茫无际的海水,觉得自己生活的天地太宽广了,大海真是天地间最伟大的水域。

一天,礁石在浪花的冲击下,愉快地赞美着大海:大海啊,大海,我的母亲,我的摇篮;你宽广,你壮观,你伟岸,你有风采……实在找不出更好的语言说出我由衷的赞叹!

大海听到了礁石的颂词,连忙说道:"不能这样说。我虽然是以宽广壮观而著称于世的,但在整个地

球的水域中,我还不能说是最壮观、最伟岸的。"

"那么,谁能超过你呢?"礁石问。

大海谦虚地说:"那些离陆地比较远、面积特别宽广、水很深而且颜色特别蓝的地方叫'洋',他们比我伟岸得多。"

礁石听了大海的一番话,觉得他的胸怀既宽广又谦虚,于是,对他更敬重了。

启迪

小朋友,你一定为大海的浩瀚而感到无比震撼吧?可是,你知道吗?"海"是"洋"的一部分,大洋的边缘部分才是海,所以,"洋"比"海"还大。你对这些地理知识感兴趣吗?那就努力学习吧!

潮落潮起

大海涨潮了,一条大海鱼被冲到沙滩上,可是在大海退潮时,他没来得及回到海里,就被困在了沙滩上。

沙滩上有一只小乌龟在缓慢地爬行,他看到海鱼极痛苦的样子,忍不住嘲笑道:"喂,你现在动也动不得,比我的命运差远了。我生活在沙滩中,枕着柔软的细沙,可舒服了……"

海鱼喘着粗气说:"你生活的天地太狭小了,永远不会知道海的世界是多么宽广,多么壮观。"

小乌龟笑了,讥讽道:"可你落到这个地步,又怎能回到大海里面呢?"

"潮落潮起循环往复,我相信会有机会的。"海鱼坚定地说。就在这时,大海又开始涨潮了,海水汹涌,不一会儿,整个沙滩就变成了一片汪洋。海鱼欢快地向大海游去,而那只小乌龟却惊慌失措地一头扎进沙滩,连动也不敢动一下。

启迪

当海域正对着月亮,受到的引力最大时,大海就出现涨潮;相反,在侧对着月亮时,引力变小,潮水也就退了。小朋友,这个现象是不是很神奇呀?

苹果落地

牛顿是英国著名的物理学家。小时候的牛顿很"笨",总是提出一些别人认为很可笑的问题。不但同学们看不起他,就连老师也不喜欢他。

有一天,牛顿和小伙伴们在果园里做游戏。忽然,一个熟透的苹果落在了地上,这引起了小牛顿的注意。他抬头看了看苹果树,又弯下腰捡起苹果。他好奇地看着脚下的土地，自言自语道："苹果为什么会落到地上呢？"

回到家，牛顿把自己的疑问告诉了妈妈。妈妈说："空中的东西都要落到地面上，就像抛出去的石头总要落下来一样，这是自然规律。"

小牛顿对妈妈的回答不满意。第二天上学的时候，他又向老师请教。老师说："苹果当然要落到地上，难道还会飞上天？"同学们都哄笑起来。小牛顿认真地说："是啊，我就是不明白，苹果为什么不能掉到天上去？"老师不耐烦了，说："要是你对这个问题感兴趣，那就去问上帝吧！"

牛顿受到了羞辱，但他并不生气，他把这个问题记在了脑子里。后来，经过漫长而艰辛的探索，他发现苹果落地，是苹果和地球相互吸引的结果，并根据自己的研究，发现了著名的"万有引力定律"。

启迪

小朋友，你知道苹果为什么会落地吗？你想过你跳起来后为什么会下落吗？其实，这些现象都是地球引力在作怪。牛顿因为从小喜欢动脑筋，研究问题，长大以后成了一位举世闻名的科学家，地球引力就是他发现的。

打造科学金牌的人

诺贝尔是瑞典人，是一位举世闻名的科学家。

在诺贝尔十岁那年，他们全家搬到了俄国的彼得堡。他的父亲在那里开设了一家工厂，生产火药、地雷和水雷。

父亲为了孩子们的学习，请了一名教师专门教他们俄语。小诺贝尔聪明伶俐，很快就学会了俄语。后来，他又学会了德语、意大利语和机械、物理、化学等方面的知识。

在诺贝尔年青的时候，爸爸先后送他到美国、德国、丹麦等国留学，学习先进技术。他在那里参观了各种实验室和相关的设备，专门听取讲解，获得了许多新知识。

回国后,他不顾一切危险,将生死置之度外,从事新的试验。他先后发明了雷管和威力巨大的硝化甘油火药以及明胶炸药和混合无烟火药。

诺贝尔的这些重大发明,有利于开采矿山和用于和平建设,但也被一些好战分子用于战争,给人民带来巨大的伤害,为此,他深感痛心。

1896年12月10日,世界著名的科学家诺贝尔逝世了。他留下了一份有益于人类幸福与和平的遗嘱:

"我献出我的全部财产，用它的利息设立下列五项奖金：

一、物理学奖；

二、化学奖；

三、生理或医学奖；

四、文学奖；

五、和平奖。"

诺贝尔那为祈求世界和平而设立的诺贝尔奖，在世界和平事业中永远放射着灿烂夺目的光芒。后人中，凡是对人类、对和平作出巨大贡献的人，都将受益。

启迪

诺贝尔是瑞典的一位大科学家，炸药就是他发明的。他死后还把自己的财产作为科学奖励基金，这就是举世闻名的"诺贝尔奖"。获得它就意味着获得了科学界至高无上的荣誉。

举起太阳的勇士

哥白尼是波兰人,是创立"太阳中心说"的天文学家。

早在上小学的时候,哥白尼就被天上的星星吸引住了。他经常在晚上坐到窗前,兴趣盎然地凝望着夜空。

有一次,哥哥问他:"弟弟,你为什么常常夜晚守在窗边,看着天空发呆?"

哥白尼解释说:"我是在观察星象,想探寻天上的奥秘。"

哥白尼从小就养成了酷爱读书的好习惯。他勤奋、刻苦,尤其对自然科学和文学艺术很感兴趣。

老师非常喜欢哥白尼,总是把自己的书借给他看,还喜欢和他一起讨论天文学。他们时常在一起观察星象。

哥白尼常常为搞清楚一些疑难问题而废寝忘食、穷究不舍。刻苦的学习、知识的积累,使哥白尼的学识越来越丰富、研究越来越深入。一个伟大的学说体系的轮廓在他的脑

满足孩子好奇心理

海里越来越清晰了。哥白尼发现：所有的行星都绕着太阳运转；地球绕着太阳公转一周需要用十几个月的时间。

后来，哥白尼终于完成了《天体运行论》一书，一部划时代的著作就这样诞生了！它完整地提出了"太阳中心说"的理论，宣判了"地球中心说"理论的死刑！但是，神学论者并不甘心失败，罗马教廷的宗教裁判所宣布"太阳中心说"理论是大逆不道的异端邪说，于是，利用种

种极其卑劣的手段企图毁灭这个科学论断。哥白尼也遭到种种迫害。

1543年5月24日，哥白尼在床榻上抚摸着自己刚出版的书，闭上了双眼。直到19世纪20年代，罗马教廷才取消了刊印出版哥白尼著作的禁令。

启迪

在"太阳中心说"创立之前，人们根本不知道地球还会自转，以为地球就是宇宙的中心。哥白尼的伟大发现改写了这一历史。小朋友，我们一定要像他一样，从小养成勤于思考、乐于学习的好习惯，长大了为人类的进步作贡献哦！

聪明的高斯

高斯出生在德国的一个普通家庭里,家里的生活很困难。

高斯上的是一所农村小学校。他对老师讲的新知识总是用心领会,刻苦钻研。

一次,老师在黑板上写下了一道算术题:一加二,再加三……再加一百,等于多少。

同学们都乖乖地低头做题,老师跷着二郎腿看起了小说。这个老师是从城里来的,他对这些乡村的

孩子极其反感,认为他们头脑呆滞,智力低下。可没等他看上两页,小高斯就站起来说:"老师,我算出来了!"然后,就用手举着自己的小石板,跑到老师面前,拿给他看。老师说:"去去去!回到座位上再算,你肯定算错了!"

小高斯不服气,说:"老师,我想我算出的这个结果一定是正确的,是不会错的!"

老师还是不相信,他漫不经心地问道:"那你说说,你是怎么这样快就算出这道题的?"高斯理直气壮地说:"我发现这么多数中,一头一尾两个数相加的和都是101,比如,1加100是101,2加99是101,3加98是101……"

老师没有等高斯说完,就连声说:"好!好!这是一个突破性的发现,你继续说下去。"

满足孩子好奇心理

高斯又继续说:"这道题中一共有50个101……答案就是5050。"

老师说:"结果完全正确。而且这种计算方法,就是求等差数列和的方法。将来你们学习代数就清楚了。高斯小小年纪就有这样高的悟性,将来一定会大有作为的。"后来,高斯成了伟大的数学家。

启迪

数学中有好多奇妙的规律,学习起来是多么有趣的事情啊!小朋友,我们一定要刻苦读书,用勤奋叩开数学王国的大门,做个像高斯一样聪明的少年。

戴眼镜

小黄熊很羡慕小熊猫戴的大眼镜,他觉得戴着它,风度翩翩,神气极了。于是,他也想戴上一副。

说办就办。一天,小黄熊放学后来到眼镜店,看中了一副镜片跟啤酒瓶底一样厚的近视镜,可卖眼镜的企鹅叔叔却摇摇头说:"买近视镜得先验光。"然后,把小黄熊领进了验光室。

企鹅叔叔指着视力表上位置靠下的"E",问道:"这上面的字母'E',你能看清楚吗?"小黄熊说:"看不清!"企鹅叔叔又指着位置靠上的"E",小黄熊故意眯起眼睛看了好一阵,依然说:"看不清!"最后,企鹅叔叔

满足孩子好奇心理

指到最上面最大的"E",小黄熊仍说:"还看不清!"企鹅叔叔相信了小黄熊,把那副近视镜卖给了他。

第二天,小黄熊走到教室门口时,就戴上了眼镜。大家都喊道:"小黄熊变成小熊猫啦!"小黄熊听了心里可美了。可还没等他走到座位,就觉得天旋地转,脑袋"轰"地

一下，晕倒在地。

等他醒来时，校医鸽子阿姨严肃地对小黄熊说："问题就出在你的眼镜上。如果戴的眼镜度数和自己眼睛的视力不一致，就会产生副作用。你明明不近视，却偏要戴上一副高度近视的大眼镜，怎么会不头晕呢？以后，可不能再干傻事了。"

启迪

小朋友，眼睛对于人来说真是太重要了，它可是我们心灵的窗口。所以，我们一定要精心保护好自己的眼睛哦！千万不能像小黄熊那样，拿自己的眼睛开玩笑。

小毛驴过河

从前,有个卖盐的商人,家里养了一头小毛驴,这头小毛驴的主要工作就是驮盐,经常驮着沉重的盐袋在城乡之间来回奔波。

盐袋真沉呀!驴子驮着盐,每次都累得浑身大汗。在城乡之间的路上,他们会经过一条齐膝深的小河。盐商每次到了这里,都让小毛驴休息一会儿,喝点儿水,所以,小毛驴每次都盼望能马上到小河边。

这天,他们好不容易又来到了小河边。小毛驴赶快喝了几口水,喘了会儿气。河水清澈见底,连河里那大大小小的鹅卵石都能看得清清楚楚。瞧！还有一条小鱼呢。小毛驴刚一分神，"扑通"一声跌到了河里。小毛驴在河水里挣扎了好大一会儿才慢慢站起来。"奇怪！背上的盐怎么不沉了，走起路来也不感到吃力了。"小毛驴开始高兴了，心想：河水肯定有股神奇的力量，能使背上的东西变轻！小毛驴有了这么重要的发现，心里不由激动起来，暗想：我以后再也不用受苦受累了。

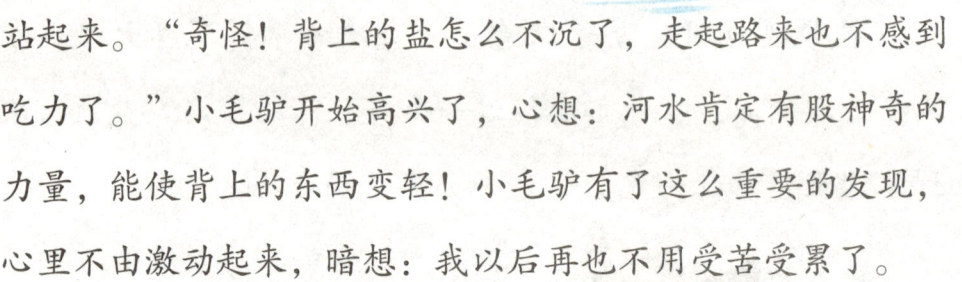

傍晚，当商人牵着驴从城里返回时，给乡亲们捎了几捆棉花。棉花很轻，这使小毛驴感觉没有费什么力气。到了小河边，小毛驴记起早上的经历，就想如法炮制一番。于是，走到河心时，故意摔了一跤，掉到了河里。小毛驴在河水中高兴地叫了几声，故意磨蹭着不愿起来，想让背上的货物更轻一点。过了好长时间，小毛驴才慢腾腾地站起来。

可这时棉花已吸足了水分，变得很重了。"哎呀！太可怕了！怎么这样沉呀！比几袋盐还沉得多呢！"小毛驴心中糊涂了：这河水真奇怪，它能让重的变轻，也能让轻的变重！

这下，小毛驴可吃苦头了，累得直喘粗气，回到家后，一下就瘫到地上起不来了。

启迪

盐具有遇水溶解的特性，它不仅可以做调味品，还有很多医学功用呢！比如，可以去头皮屑、消炎、镇咳、治灼烫伤、防止抽筋、防止喉咙沙哑、洁白牙齿等。小朋友，你知道这些吗？

被错怪的小瓶塞

主人家里来了客人。这可忙坏了热水瓶。"哗啦哗啦",开水倒进了茶杯里。

突然,只听到"砰"的一声响,小瓶塞从热水瓶上跳了出来。热水瓶责怪小瓶塞:"你跳出来干什么呢?水会凉的。"

小瓶塞说:"有个东西推我呀,我没有办法不跳出来!"

"谁会推你?分明是你想跳出来玩!我可不喜欢说谎的孩子。"热水瓶真的生气了,小瓶塞急得哭起来。

突然,响起一个轻轻的声音:"小瓶塞,你别哭,是我把你推出去的。"

大家吃了一惊,四处张望,可什么也没有看到。

"我是空气,就在你们的周围。主人倒水时,我钻进了热水瓶。可一遇热,我就胀大了。热水瓶里装不下我,我只好用力往外挤,就把小瓶塞挤出来了。"

热水瓶这才知道是自己错怪了小瓶塞,连忙说:"孩子,是我错怪了你。"

小瓶塞说:"没关系。"接着又问空气:"你为什么要钻到热水瓶里去呢?"

"哪里有空隙我就往哪儿钻。我太调皮了。"空气说，"不过，我可以告诉你一个办法，以后只要你动动身子，让我的气跑掉一些，我就不会挤你了。"

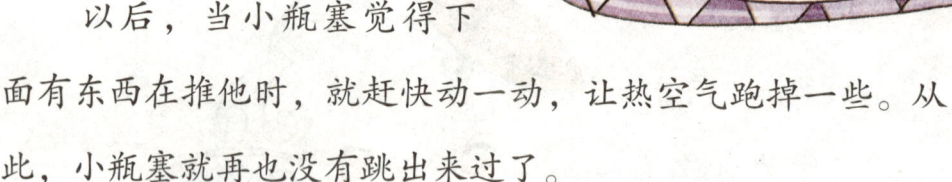

以后，当小瓶塞觉得下面有东西在推他时，就赶快动一动，让热空气跑掉一些。从此，小瓶塞就再也没有跳出来过了。

启迪

冷空气遇热以后体积会变大，所以，他钻进热水瓶后，觉得憋得慌，只能急着推开小瓶塞往外跑。在生活中，你看到过这种现象吗？

怪雨

小冰小时候有好几年在爷爷和奶奶身边度过,上学时才离开他们。小冰十分想念爷爷奶奶,一放暑假,他就坐火车到南方乡下去看望他们。

在乡下,小冰过得很快活。有一天,村里下了一场奇怪的雨,在雷鸣电闪、风雨交加的时候,许多小鱼随着雨水一起降落到地面,不少还在活蹦乱跳呢!

一见从天上降下鱼来，全村人都十分惊奇，大家议论纷纷，有的人还抓着鱼左看右看。但大家都弄不明白这是怎么回事。有的老人说他活了一辈子，从来没有看过这样的怪事，这是老天显灵啊；有的老人说这是有鬼神作怪。

小冰参加过气象夏令营，在夏令营里学过许多气象知识，了解了不少关于天气变化的奥秘，他马上跟大家解释："天降'鱼雨'其实是一种异常的天气现象。有的雨中还有青蛙或有麦粒、干草，甚至还会有糖果等物品，这些都是龙卷风捣的鬼。龙卷风把地上的物品卷到云里，并带着它们在空中旅行，当风力减弱，托不住它们时，被卷到空中的物品便随着雨水一起降落到地面。"

听了小冰的解释，村民们纷纷点头，那几个讲迷信的老头也不吭声了。小冰见大家听得入神，趁机介绍了一

满足孩子好奇心理

桩很有趣的事：几十年前，前苏联的某个村子里，竟下了一场举世罕见的"银币雨"。这可不是上帝的赐予，而是因为暴雨摧毁了村子附近的一座古墓，里面埋藏的古银币露出地面，然后，又被一阵龙卷风卷到空中，再从天而降。

启迪

小鱼随着雨水一起降落到地上，这的确是个十分少见的现象。你会觉得奇怪吗？听了小冰的解释，相信你一定感受到了科学知识的重要性。

煤和树是一家人

一块煤从卡车上滚下来,掉到路边的一棵大树旁。

"你好,我的孩子!"煤对大树说。

"你一块小小的煤,怎么称呼我'孩子'?"大树生气地说,"我已经七十岁了,小树们都叫我大树爷爷,你明白吗?"

煤笑着对旁边的大树说:"咱们原来就是一家人啊!"

"什么?"大树不相信,"你跟我没有一点儿相同的地方,怎么会是一家人呢?"

煤笑了:"孩子,你认为自己年纪很大,其实,我孙子的孙子,年纪比你爷爷的爷爷还要大好多呢……"

刚说到这儿,路上走来了两个人,煤和树便不做声了。

"这是煤吗,爸爸?"孩子拾起地上的煤。

"是的。"爸爸说,"煤在地底下沉睡了千万年,现在,被煤矿工人开采出来了。"

"爸爸,煤本来是什么东西?"

"植物。"爸爸说,"在远古时代,地面上到处都是茂密的大森林和其他植物。后来,地壳忽然起了变化。这些森林和其他植物逐渐被埋在地底下,而且越埋越深,长期的重压和地下深处的地热,

使它们变成了煤。"

"那么,"孩子指着大树说,"像这棵大树,如果埋在地层深处,经过千万年,也会变成煤吗?"

"会的。"爸爸从孩子手里接过那块煤说,"如果把这块煤切成薄片,放在显微镜下观察,你能看到同树一样的纹路呢。"

"真的?"孩子听了非常兴奋,"我们现在就回家去用显微镜看看吧。"

启迪

那黑糊糊的煤块为什么会烧出熊熊大火?煤是怎么形成的呢?看了这个故事,你就知道了。今后,就让我们多读故事、多学科学知识,一起探索更多自然界的奥秘吧!

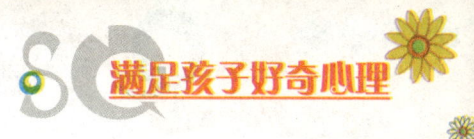

神奇的七色光

太阳有七种颜色。夏天的雷阵雨过后,空中还充满无数的小水滴,太阳就把光线射向小水滴,这样,平时看起来刺眼的白光就变成了一条七色的虹,像一座彩桥挂在空中。

太阳决心用自己的七色光,把世界打扮得更漂亮。于是,他喊道:"鸟儿、花和树木们,我把七色光送给你们,给你们涂上鲜艳的色彩,你们选择颜色吧!"

乌鸦听了，心想：如果我把七种颜色的光统统吸收过来，我的羽毛就是七色的了，我就是世界上最美丽的鸟儿，谁也比不上我。于是，乌鸦扯开嗓子叫："太阳，七种颜色的光我都要，你多给我一些吧。"

太阳说："我对任何人都是公平的。至于你要什么颜色的光，随你吧。"

乌鸦还没等太阳说完，就把七种颜色的光都吸收了。他不知道，把光全吸收掉，就没有光反射，别人也就什么都看不

到了，只能感觉到一团黑。所以，从那个时候起，乌鸦就变得浑身墨黑了。

玫瑰花最爱红色，可她想：我还是把美丽的红色留给别人吧。于是，她没有吸收她最喜爱的红色光，而只吸收了另外六种颜色的光。没想到红色光被反射到人们的眼睛里，人们都赞美道："玫瑰花那娇艳的红色是多么美丽啊！"

牵牛花爱紫色，可是她也像玫瑰花一样，愿意把心爱的紫色让给别人，结果，在人们的眼里，牵牛花成了紫色的。

池塘里的白莲想：我从污泥里生长出来，却一点儿也没有被污染，我喜欢我自身的白色，其他什么颜色我都不要。七色光反射到人们的眼睛里，白莲就还是她原有的白色。

各种花和果实都有了颜色，只有树叶还没有颜色，她就把绿色光反射到人们的眼睛里，而吸收了其他六种颜色的光，我们现在看到的树叶就是绿色的。绿叶配红花，美极了！

只有乌鸦，浑身墨黑，到处惹人讨厌，使人常常想起他的自私。

为什么我们能看到不发光的物体呢？这是因为，光能够反射。不信，你找一面镜子放在阳光底下，往黑暗处照照就能验证这个现象了。

小猩猩出诊

小猩猩从动物医科大学毕业了。一天,他背起药箱,准备去给动物们看病。他走到小湖边,正好看见一只鹭鸶不小心摔了一跤,把一条瘦长的腿摔断了。

小猩猩忙走过去,说:"我给你绑上绷带,用石膏固定起来吧!"鹭鸶摇了摇头,说:"谢谢你,我自己会治。"说完用嘴啄了一些软泥,小心地涂在骨折的那条腿上,再叼些细草根混在泥里,就像石膏一样,把伤腿固定起来啦!小猩猩惊叹道:"鹭鸶原来还是出色的外科医生啊!"

小猩猩继续向前走,来到树林里。他看见一只长颈鹿在啃树叶,忙打招呼:"长颈鹿,你好!"可长颈鹿只点点头,原来长颈鹿没有声带,不会说话。

小猩猩问:"你

喜欢吃这种树叶吗?"长颈鹿摇摇头。"那你为什么吃它呢?"长颈鹿指了指自己的肚子。"你闹肚子了?"长颈鹿点点头。小猩猩赶忙打开药箱拿药,树上的喜鹊叫起来:"不要拿药,长颈鹿每回闹肚子,吃这种树叶就好了。"

小猩猩只好继续向前走,一会儿来到温泉边,看到一只母獾带着一只小獾跳到水里游泳。小猩猩奇怪地问:"你们也喜欢游泳吗？"母獾说："不，我是带着孩子来这儿治皮肤病的。"小猩猩想了想，点头说："对了，温泉里含有硫黄，可以杀死皮肤里的寄生虫。"

小猩猩忙了一天，结果没给一个病号看上病。他明白了：原来，动物都是自己的医生。

启迪

许多动物生病后出于本能，不仅会向异类求医问药，而且还会巧妙地利用一些植物为自己治病。这些现象是不是很神奇呀？

月亮跟我走

星期五,小军和小敏约好晚上一起去老师家补课。

那天晚上,天气晴朗,月亮又大又圆。两人一边走一边说话。细心的小敏注意到月亮一直在跟着他们走,就把这一发现告诉了小军。小军大步朝前走,发现月亮果然也跟着他大步走。小军飞跑起来,一边跑一边看天上的月亮,发现月亮也跟着他跑。

小军停下来,告诉小敏:"真奇怪,我走,月亮跟着我走;我跑,月亮跟着我跑。"小敏说:"不对,月亮是在跟着我走。"

满足孩子好奇心理

小军说:"不对,是跟我走!"

小敏说:"是跟我走!"

两个人你一句我一句地争起来,谁也说服不了谁。

小敏说:"现在这样吧,我们两个人朝不同的方向跑,看看月亮究竟是跟谁跑。"小军同意了。于是,小敏朝西,小军朝东,两个人朝不同的方向跑去。结果,两人又争了起来,都说刚才月亮是跟着自己在跑。

两个人一路争吵着来到了老师的家里。老师问他们吵什么，他们就把刚才发生的事情告诉了老师，让老师评评理。

老师笑着说："你们坐过火车吗？坐在飞奔的火车里，窗外的树木一闪就过去了。可看远处的树木和房屋，却移动得比较慢，看最远处的山，就好像没有移动。这是我们的视觉造成的结果。月亮离我们38万千米远，所以，当我们在地球上走几百米或几千米时，月亮和人之间的距离及角度都没有变化，月亮是我们的视野里唯一不会消失的东西，就觉得月亮一直跟我们走。"

小军和小敏想了想，似乎明白了。

"那星星和太阳离我们挺远的，它们会不会跟我们走？"小敏问道。

"当然，"老师耐心地解释说，"只是因为星星离我们太远，显得很小，不如月亮引人注意罢了。而太阳呢，因为它的光线太强，人们不会一直盯着它看，所以，也就很少有人注意到它会跟人走了。"

启迪

　　小朋友，面对遥远而又庞大的物体，我们在行走时就会产生错觉，以为自己好像在牵着它走。这种物理现象，我们在读过这个故事后就理解了。

狗和自己的影子

一天，狗从肉店里偷了一根骨头，想跑到一个别人看不见的地方去吃。

狗的肚子早已经饿了，他飞快地跑，沿着大街跑出了村，穿过一块草地，下了小山，来到一条小河边，上了一座小木桥。他在桥上停住，想喘口气。

小河的水十分清澈。当他朝河面望的时候，发现水里也有一条狗，正抬头看着他。他吓了一跳，那狗嘴里也叼着一根大骨头。桥上的狗瞪大眼睛瞅着水里的狗，水里的狗也怒气冲冲地看着桥上的狗。

桥上的狗很想把水里那狗嘴里的骨头抢过来。他心里琢

满足孩子好奇心理

磨：要是我弄到那根骨头，我现在立刻就把它吃掉，我自己的这根就可以省到以后再吃，正好我有一个好地方，可以藏骨头。再说，那根骨头看上去油水好像比我的还要多。

桥上的狗露出凶巴巴的样子，嘴咧着，牙龇着。水里的狗也一样不客气，好像在叫："看来，你是想同我打一架，是吗？"

桥上的狗叫着，要扑过去抢水里那条狗的骨头。"咚！"桥上的狗一张嘴，骨头一下掉进了小河里，水面上激起了无数水花。这下，水

里的狗不见了，骨头也没有了。水里的狗，还有他嘴里的骨头到哪儿去了呢？狗想来想去，还是不明白。他折腾了好一阵，这会儿肚子更饿了。

启迪

在日常生活中，你有没有发现，不但镜子可以照出人影，其他平滑的东西，像静止的水面、光洁的家具等，也可以照出人影来。故事中的小狗不懂科学道理，站在桥上看到了自己的影子，还以为水中有狗呢，这是多么可笑啊！

爱迪生孵小鸡

爱迪生是美国的"发明大王",我们现在用的电灯就是他发明的。爱迪生从小就是个爱思考的孩子。

有一天,爱迪生看见家里的母鸡待在窝里不出来,就叫着去赶它。可是,母鸡歪着脑袋,眨了眨眼睛,还是一动不动。

这是怎么回事呀?爱迪生把母鸡抱起来一看,咦,窝里有很多蛋,数一数,十几个呢。奇怪,母鸡今天怎么下了那么多蛋呢?他赶忙跑去问妈妈:"妈妈,妈妈,母鸡今天下了十几个蛋,这是怎么回事呀?""母鸡不是在下蛋,是怕蛋着凉。"妈妈把

爱迪生抱在怀里说,"妈妈抱着你,你不就暖和多了吗?"爱迪生更觉得奇怪了,瞪圆了小眼睛问:"妈妈,蛋也跟人一样,会着凉吗?"

妈妈笑起来,告诉爱迪生,母鸡是在孵蛋呢。母鸡把自己的身体盖在蛋上,蛋暖和了,里面就会长出小鸡来。不久,小鸡就会啄破蛋壳,从蛋里钻出来。

爱迪生听了妈妈的话,就跑开了。

他上哪儿去了呢?过了大半天时间,妈妈也没看见爱迪生,心里很着急。找来找去,发现爱迪生在邻居的院子里呢。他用柴草做了一个窝,里面放上鸡蛋,学着母鸡的样子,蹲在蛋上孵小鸡呢!他想:母鸡蹲在鸡蛋上面,会孵出小鸡来,那么,我蹲在蛋上面,也应该能孵出小鸡来。

妈妈看见爱迪生这个样子,觉得很好笑,连忙把爱迪生拉了起来,说:"走吧,傻孩子。你是孵不出小鸡来的。"爱迪生嘟着小嘴巴,还在思考:我为什么孵不出小鸡来呢?

启迪

"发明大王"爱迪生在少年时代就对周围形形色色的事情充满了好奇。正是这些好奇,在他幼小的心田埋下了发明的种子。小朋友,当你遇到奇怪的事情时,有没有像爱迪生一样认真思考呢?

奇怪的镜子

一条小鱼生活在一片宁静而美丽的池塘里,他每天都玩得很高兴。

有一天,小鱼玩累了,正想休息一会儿。突然,他发现眼前有一样东西在一闪一闪的。他睁大眼睛一看,不禁叫起来:"好大好亮的镜子呀!"要是把"镜子"搬到家里,让大家都能照一照该多好!于是,小鱼轻轻地游到那"镜子"边,还没碰到,"镜子"就碎成一块块小片了。小鱼心里难过极了。但是,不一会儿,那"镜子"又圆了起来。

于是,小鱼急急忙忙找来了正在河边唱歌的小青蛙。"青蛙弟弟,我找到了一面又大又亮的镜子,请你帮我抬回家好吗?"小青蛙一口答应了。小青蛙用宽宽的大嘴巴刚想去衔"镜子","镜子"一下又碎成一块块小片了。小鱼和小青蛙都很难过。但是,不一会儿,那"镜子"又圆了起来。

于是,小鱼又急急忙忙找来了正在水中跳舞的河蚌。"河蚌姐姐,请你帮我把大镜子抬回家好吗?"河蚌一口答应了,跟着小鱼来到"镜子"边。河蚌用两片蚌壳刚想轻轻地夹住"镜子",可"镜子"又碎了。大家都很难过。但是,很快那"镜子"又圆了起来。

小鱼又找到了正在水藻中吹泡泡的螃蟹。"螃蟹哥哥,我找到一面又大又圆的镜子,请你帮我抬回家好吗?"螃

蟹一口答应了。他刚想轻轻地钳住"镜子",可是"镜子"又碎了。大家既难过,又感到很奇怪,到底是怎么回事呢?

这时,只听见一阵"哈哈哈"的笑声,虾公公拖着长长的胡子来了,他说:"傻孩子,这哪是镜子,这是天上的月亮倒映在水面上啦!"小鱼、小青蛙、小河蚌、螃蟹听了都抬起了头。大家看看天,又看看水面,都哈哈地笑了起来,连池塘里的月亮也笑了。

启迪

青蛙、河蚌、螃蟹他们遇事都不爱思考,小鱼让他们帮着抬"镜子",他们就帮着抬,怎么就不动动脑子呢?小朋友们在做事之前,可不要像他们一样,盲从别人。不然,可能会白费力气哦!

满足孩子好奇心理

狮子照哈哈镜

有一天,狮子抓住小猫,张开大嘴,要把他一口吞下去。小猫叫道:"你为什么吃我呀?"狮子听了哈哈大笑:"那还用问,因为我大你小,我可以把你吃掉。"小猫说:"什么,什么?你大,我小?你一定是眼花了。明明是我大你小。"狮子听小猫这么一说,糊涂起来了。

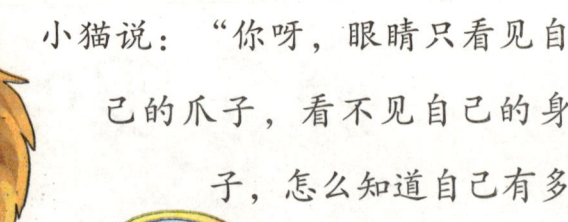

小猫说:"你呀,眼睛只看见自己的爪子,看不见自己的身子,怎么知道自己有多大呢?""对呀!"狮子想了想说,"我看不见自己的身子,怎么知道自己有多大呢?"小猫说:"我家有镜子,你照一照,就知道自己有多大了。"

狮子从来没有照过镜子,他想,照镜子一定很有趣,就跟着小猫,走到小猫家。小猫家的镜子可奇怪了,一面镜子是凹进去的,另一面镜子是鼓起来的。

"狮子,狮子,快来瞧一瞧。瞧瞧你自己,是大还是小?"狮子走进屋子,小猫让狮子站在鼓起来的那面镜子前,狮子往镜子里一瞧,看见自己又矮又小,像只小老鼠。猫说:"你看明白了吧。你的个儿有多大?现在,你看我的。"小猫在凹进去的那面镜子前一站,哟,不得了,这面镜子里的小猫比狮子还大呢!"狮子,狮子,你快瞧一瞧。我比你大呀,还是比你小?"狮子站在旁边偷偷地瞧了一眼,看见镜子里的小猫又大又高,嘴巴还一张一张的。狮子以为小猫要来吃他,转身就跑,一直跑到树林里,再也不敢出来了。

启迪

其实,狮子是不明真相才被愚弄的。他和小猫照的镜子一个凸,一个凹,凸面镜和凹面镜照出物体的视觉效果不一样:凸面镜会将人缩小,凹面镜会将人放大。不信,你也可以去试试!

谁跟小羚羊去避暑

夏天到了,天气非常热。一天,小羚羊的妈妈要带孩子到高山地带去避暑,小羚羊想:还有许多小伙伴也一定热得难受,得约大家一起去。

"谁跟我去避暑!"她一面走,一面喊。这时,一匹小红马正跑过来,小羚羊迎上前去,说:"小红马,我们一起去避暑,好吗?"

小红马说:"我不去,我一出汗就像洗了冷水澡一样凉快了。"原来,她身上有许多汗腺,热了就出许多汗来调节体温,所以,不需要避暑。

小羚羊想:听说小黑狗身上没有汗腺,一定热得受不了,去约他避暑吧。这时,小黑狗正趴在一间屋檐下,张着嘴,伸出长长的舌头,直喘气。

"黑狗弟弟,高山地带凉

快极了,你跟我一起去避暑,好吗?"小羚羊对他说。

"谢谢你。"小黑狗摆摆尾巴说,"虽然我身上没有汗腺,可舌头上有许多汗腺。我伸出舌头排汗,就能调节体温。"

小羚羊又走到一棵大树旁,看见小黄鸡躺在树下的沙土里,两脚抓着沙土,还不断地打着滚儿。

"你躺在沙土里玩,多热呀!"小羚羊摇摇头说。

小黄鸡"咯咯咯"地笑了,他说:"我在沙土里躺躺,浑身凉飕飕的,可舒服了。"

小黄鸡不需要避暑,小羚羊很失望。她又走进林子去约小松鼠。

"我不用去避暑。"小松鼠在树枝间蹦来跳去，回答说，"夏天到来之前，我就脱掉冬天的厚皮毛衣，换上薄薄的夏装啦。"

再去找谁呢？小羚羊正犹豫着，小白兔急急忙忙地从她面前经过。小羚羊连忙喊住她。

小白兔摆动着两只大耳朵说："我不想去避暑。夏天，我挺着两只大耳朵，就可以散热，调节体温了。"

小羚羊见没有小朋友跟她去避暑，只好跟着自己的妈妈去避暑了。

启迪

狗的皮肤汗腺不发达，所以，即使在大热天也不会流汗。但狗会伸出舌头气喘不休，因为，体内部分水分由喉部和舌面排出后，会感到舒适、凉爽。其他动物也各有各的散热办法。小朋友，你知道这些吗？

小土坑

下雨了,动物们都回家了。雨一直下个不停,小土坑里都积满了水。

过了一会儿,雨停了,太阳公公露出了笑脸,动物们又都出来了。

母鸡走到土坑边,往里一瞧,看见里面有只母鸡。"哎呀,不好了,一只母鸡掉到土坑里去了!"母鸡赶快跑去告诉公鸡,叫公鸡来救土坑里的母鸡。公鸡过来一瞧,土坑里哪有母鸡呀,只看见一只公鸡。"哎呀,不好了,一只公鸡掉到土坑里去了!"公鸡赶快跑去告诉大肥猪,叫大肥猪来救土坑里的公鸡。大肥猪过来一瞧,土坑里哪有公鸡呀,只看见一头大肥猪。"哎呀,不好了,一头大肥猪掉到土坑里了!"大肥猪赶快跑去告诉小山羊,叫小山羊来救土坑里的大肥猪。小山羊过来一瞧,土坑里哪有大肥猪呀,只看见一只小山羊。"哎呀,不好了,一只小山羊掉到土坑里去了!"小山羊赶快跑去告诉老牛,叫老牛来救土坑里的小山羊。老牛过来一瞧,土坑里哪有小山羊啊,只看见一头老牛,大声惊呼:"哎呀,不好了,一头老牛掉到土坑里去了!大家快来救救他……"

大伙儿都来了,往土坑里一瞧,不得了,土坑里有一头老牛、一头大肥猪、一只小山羊、一只公鸡，还有一只母鸡。那么多动物一起"掉"到一个小小的土坑里去了。大家真着急，东奔西跑，不知道怎么办才好。

太阳晒呀，晒呀，把土坑里的水晒干了。等到老牛、小山羊、大肥猪、公鸡和母鸡再过来的时候，大家往土坑里一瞧，咦，什么也没有哇！母鸡说："一定是他们自己爬出土坑来了！"

小朋友，你们说说，母鸡的话对吗？

启迪

小朋友，你见过妈妈晾衣服吗？你知道湿衣服里的水哪儿去了吗？让我来告诉你吧，那是水蒸发后变成"汽"消失在空中了。故事中的动物们开始看到了自己在水里的倒影，但夏季高温，水的蒸发量大，所以，小土坑里的水很快就干了，影子也就随之消失了。

铅笔的故事

铅笔是小朋友们再熟悉不过的学习用品了。关于它的来历,还要从一场飓风说起。

1564年,一场飓风席卷了英格兰地区。在巴罗代尔附近,一棵大树被连根拔起。人们在树根下发现了一种矿物质——石墨。于是,当地牧羊人使用这种黑色的东西在羊身上画记号。也有人把它拿到伦敦市场上出售。店主和商人都用它给货物做记号,将它称为"打印石"。

但是,石墨质地很软,书写时容易破碎。

1781年,德国的一位化学家在煤矿中采集了一些石墨矿石,将其研磨成粉末儿,用水冲去杂质,获得了纯净的石墨粉。后经过反复试验，在石墨中加入硫黄，加热凝固后压制成一根根石墨棒，然后，在石墨棒外裹上纸卷儿后，再拿到商店出售。这种石墨棒硬度合适，书写流畅，这就是铅笔的雏形。

18世纪末期，全世界只有英、德两国有能力生产铅笔。法国大革命爆发后，英国和德国对法国进行了封锁，这对法国影响很大。法国化学家兼发明家孔德奉命在法国尽可能多地采集石墨制造铅笔，但法国的石墨质量差，产量也低。孔德费尽心思，最后在石

墨中掺入一些黏土来试验,效果却出人意料的好。于是,这种混合物做成的笔成了世上最好的画笔。

到了1812年,美国一位叫门罗的木匠为了节约石墨用量,用机器制造出标准化的木条。他在木条中间挖出一条凹槽,然后,在两片同样有凹槽的细木条中间嵌入一根石墨条,合起来用胶水粘紧。于是,第一根现代铅笔产生了。

用铅笔写错字后可以用橡皮涂去重写,而且字迹遇水不褪色,保存时间长。小朋友,这个现象是不是很神奇啊?等你学习了"碳"的知识,你就会明白其中的道理了。

满足孩子好奇心理

钢笔的故事

钢笔是现在人们普遍使用的书写工具。1809年，英国颁发了第一批关于贮水笔的专利证书，这标志着钢笔的正式诞生。

早期贮水笔的设计比较原始：墨水不能自由流动，必须用手压下活塞，墨水才开始流动，但写一会儿之后还要压一下，否则，墨水就流不出来了。用这种笔写字，当然很不方便。

1884年，美国人沃特曼发明了一种用毛细管输送墨水的笔。他制作的笔一端可以拆下，然后，将墨水用小滴管注进贮墨水的存储囊内，笔尖与墨水由毛细管连接，可以自动

着说:"您看,您的院子四四方方,像个'口'字,又种了这么多树,树乃木,这不就成了'困'字吗?'困'字乃不祥之字啊!"员外一听,吓出一身冷汗,马上联想到家人的安危,于是,他立即找人砍树。

员外的小孙子雅儿今年五岁了,平时跟着私塾先生读书识字,别看他人小,他可是附近众人皆知的才智过人的小孩儿。他见爷爷要把这么多大树都砍了,以后要想吃树上的果子可就难了。他

眨巴着眼睛,想出了一个好主意。他拉住爷爷说:"爷爷,咱们快搬走吧,照那个道士的说法,咱家没法住了。"员外知道自己的孙子聪敏过人,他说的话一般是有道理的,就连忙问孙子:"此话怎讲?"雅儿学着道士的样子摇头晃脑地说:"您看,这院子是四四方方的,像个'口'字,如果砍了树,只剩下人,那不就是个'囚'字吗?"爷爷听孙儿这么一说,觉得很有道理,再一琢磨,院子里的树已经历经祖上几代人了,也没听说出过什么事,自己的行为确实很荒唐,险些砍去这么多镇宅的参天大树。

小孙儿看到自己保住了大树,也开心地笑了。

启迪

故事中员外的小孙儿很聪明,竟想出了这么巧妙的办法来说服爷爷。这主要是因为他平时学习十分认真,积累了知识。其实,所有的机智,所有的灵气,都不是从天而降的,而是靠勤奋学习换来的。

味精的发明

味精一直是人们喜爱的调味品。如果在菜肴或者汤中加入一些味精，味道会更加鲜美。那么，味精究竟是用什么东西做的呢？味精的包装袋上有时会印着"味之素"，这又是什么意思呢？下面，我们就来说说关于味精的故事。

满足孩子好奇心理

1908年的一天,日本帝国大学的化学教授池田菊苗结束了一天的工作,疲惫地回到家里,吃着夫人做好的饭菜。他感到汤的味道异常鲜美,于是,询问夫人在汤里面加了什么调料。可是,夫人说:"只是放了一些海带和黄瓜,没有什么特别的东西。"

听了夫人的话,池田教授灵机一动,认为汤的鲜美和海带有直接的关系。第二天,他把剩下的汤带到实验室,开始对海带进行详细的化学分析。

经过半年的潜心研究,池田教授终于得出结论:海带中含有一种名叫谷氨酸的物质,就是这种物质起到了增加鲜味的作用。

接下来的事情就是如何提炼谷氨酸了。但是提炼过程屡屡失败,池田教授只能提炼出微量的谷氨酸,而且费用相当高。池田教授认为,不应该仅仅是海带中含有谷氨酸,其

也降低了您的威信。难道您就不怕别的国家的人听说了以后，会耻笑您重视宝树而忽视了您的子民吗？"

　　皇帝一听，觉着小男孩的话很有道理，就下令赦免他父亲的死罪，而且还让人把挂在树上的告示牌摘去了。

启迪

　　小男孩多机灵啊！"人的生命比树重要。"皇帝听后，能不下令赦免他父亲的死罪吗？看来，机智和勇气会帮助我们战胜困难，扭转危机。小朋友，我知道其实你也能做到，对吧？

几粒老鼠屎

三国时期，吴国的君主孙权死后，由小儿子孙亮继承了王位。孙亮年纪虽小，但他却聪颖过人，贤良治国。后世流传了许多他的故事。

到印第安人的居住地去找寻发财的机会。经过观察，他发现印第安人有咀嚼云杉树脂的习惯。许多伐木工人都搜集这些东西换些小钱，寇蒂斯也加入了这个行列。

云杉树脂在大城市很受欢迎，但由于它的制作比较粗糙，因此价格很低。不久，寇蒂斯萌生了一个大胆的想法：为什么不将这些树脂加工包装起来，然后，带到城市里卖个好价钱呢？经过许多次研究和实验，他煮出了第一炉"云杉树脂"的成品。这些成品的口感要比那些原始树脂好得多。

为了便于运输，寇蒂斯还把它们切割成小片，配以精致的小包

装，并将它们命名为"胶姆糖"。

随后，寇蒂斯创立了自己的"胶姆糖"公司，并且尝试对新型产品的开发。很快，他又成功试制了一种以石蜡为原料，并在其中加入甘草和香草的"胶姆糖"。因为它有香味，所以，"胶姆糖"又被称为"口香糖"。

今天的口香糖有多种口味，主要是在生产中添加了各种不同的香料的缘故。不同的口味满足了人们不同的需求，因此，口香糖成为当今备受欢迎的休闲食品。

启迪

很多小朋友都喜欢吃口香糖，可是，你知道吗？口香糖还具有不少其他功能呢，如它可以帮助戒烟、防止蛀牙、祛除口臭等等，并且它还会有一些新的功能等待你去挖掘呢！

求宽恕。

原来，黄门官向仓库保管员要过几次蜂蜜，都遭到了拒绝，心里很气愤，一直想找机会进行报复。这次皇帝让他取蜂蜜，他一看机会来了，刚出仓库门，就找了几粒老鼠屎放在蜂蜜里，想陷害仓库保管员。但没想到，这么快就被小皇帝明察秋毫了，他只好认罪受罚。

孙亮根据老鼠屎的干湿就断了一桩案子。小朋友，你一定觉得他聪明过人吧？其实，天才出于勤奋，聪明在于积累。只要我们平时细心地观察，耐心地思考，一样也会变得聪明起来。

谁应该离开

圣诞节到了,一家报社打算举办一次有奖竞猜活动,优胜者将有重奖。

竞猜的内容是:"在一架直升机上,有三个人,一位是医生,一位是科学

现在，保温瓶已经得到了极其广泛的应用，几乎家家户户都有大大小小的保温瓶，它给我们的生活带来了极大的方便。

启迪

小朋友，你一定知道保温瓶能让热水不变凉吧！那么，你知道保温瓶还可以使水保持低温吗？其实呀，保持高温和保持低温对保温瓶来说一样容易。看了这个故事，你就明白其中的奥秘了。

鱼刺变来的梳子

拥有一头亮丽柔顺的秀发，是多少女孩儿的梦想，但再好的头发也要用梳子梳理。那么，你知道梳子是如何发明的吗？

根据民间传说，黄帝的第二室妻子方雷氏是一位心灵手巧的女人，她管理着黄帝宫中二十多位女子。这些女子经常蓬头垢面，有损黄帝的形象，因此，她们深居后宫，很少在公众场合亮相。每当遇到重大节日，需要全体出席时，方雷氏总要用自己的手指把每个女子的头发一一捋顺，有时，连手指都磨破了。

有一年，发了一场大洪水，人们从水中捞回19条大

信中用稚嫩的字体写着几个大大的字:"谁体重最重,谁就应该离开,因为只有这样别人才会最安全。"虽寥寥数语,但编辑们却一致认为,小孩儿的答案是最正确的,于是,把巨额奖金颁发给了他。

那些曾经慷慨陈词的大人们,听说了小孩儿的答案以后,都不由得陷入了沉思。

启迪

每一个人,不管他的身份、地位如何,都有自己的长处和短处。用通常的办法,能比出谁更重要吗?这位九岁的小朋友提出,以体重为标准,来决定谁离开飞机,是一个多么巧妙的答案呀!

激发孩子思维潜能

让我试试吧

从前,有一个聪明的小孩儿叫隋亮。

一天,他和小伙伴们来到村边玩儿。他们看见很多人围在一起议论纷纷,不知在干什么,于是,就钻进人群想看个究竟。

原来,一块巨大无比的石头把

缝缝补补见真情

缝纫机在百姓的家中十分常见，这种制衣工具已经有上百年的历史了，如今，仍然在人们的日常生活中发挥着作用。每逢夜间，听到隔壁房间里缝纫机有节奏的声音，你的心里总会有一丝丝幸福和甜蜜吧？又有一件新衣服要出炉了，因为淘气而划破了的裤子又缝补好了……在这种美满幸福的氛围中，你是否想过，缝纫机是如何制造出来的呢？

缝纫机的发展要从针说起。发明带有针眼的针，是人类历史上最重要的技术进步之一。18世纪时，两个英国人在针的使用上有了新的贡献。一位是韦森霍尔，他在1755年获得了一种双尖针的专利权；另一位是托马斯·圣，他于1790

年发明了一种手动装置。这种装置具有现代缝纫机的许多特点,但是没有针尖带孔的针。

直到1830年,法国的一个叫坦莫尼的穷裁缝才设计出一种真正实用的缝纫机。这种缝纫机主要是用木头做成,看起来相当笨重。在19世纪40年代,这种缝纫机主要用来给军队做军服。不幸的是,后来坦莫尼的手工工场遭到了洗劫。但他并没

有灰心，决心继续从事自己开创的事业。他进一步完善了缝纫机的性能，并于1848年在美国获得了专利。

缝纫机的发明大大地减轻了妇女的家务负担，也对19世纪60年代以后的制衣业产生了重要影响。由于有了缝纫机，衣服的制作变得更为容易，看起来也更加精致。从那以后，缝纫机在设计上不断改进，有人还在缝纫机上装了电动机，使缝补工作更加方便快捷。

启迪

好多发明在最初都不是十分完美的，它会在善于钻研的人那里逐步完善起来。小朋友，你愿意做个勤于动脑、动手的好孩子吗？愿意行动起来不断地探索未知世界吗？

精致的拉链

我们日常穿的衣裤、鞋子上一般都有拉链。这种东西十分普遍，用起来也非常简单，只要轻轻将它往上一拉，两边就合为一体了，这比纽扣要方便得多。但是，在19世纪以前，人们的衣服和皮靴都需要用纽扣扣牢。穿好一件外衣或一双靴子之前，有时，要整理外衣背面或皮靴边的几十个纽扣，相当麻烦。因此，人们一直在寻找纽扣的替代品。那个时候，在欧洲中部的一些地方，已经有人尝试用带、钩和环取代纽

扣，甚至开始进行研制拉链的试验了。

1893年，一位叫贾德森的美国工程师发明了一种"鞋扣开关器"。它包括一系列的扣子，这些扣子可以用一个滑动的金属导轨来打开或关上，这是拉链最初的雏形。但是，这种原始的开关器质量不过关，容易在不恰当的时间和地点松开，搞得人措手不及。1913年，瑞典人桑巴克改进了这种粗糙的锁紧装置。他采用的方法是把金属锁齿附在一个灵活的轴上，每一个锁齿都是一个小型的钩，能与另一条带子上相应的孔眼儿匹配。这种拉链很牢固，锁齿由滑动器控制，只有滑动器滑动时才能拉开。

后来，这种新式的"扣子"经过不断改进，以其快捷便利的优

满足孩子好奇心理

点，在很多领域替代了纽扣，得到人们的青睐，很快便成为一种性能可靠的商品。如今，拉链已经与人们的生活密不可分了。

启迪

小朋友，你知道拉链这个名字的来历吗？1926年，小说家费朗科在推广拉链样品的一次午餐会上说："一拉，它就开了！再一拉，它就关了！"这句话十分简明地说明了拉链的特点。拉链这个词就是这样来的。

能吃灰尘的工具

最初的吸尘器并不是我们今天看到的样子,功能也远不如现在的吸尘器。你知道吗,研制它的灵感源于一个偶然事件。

1901年的一天,英国土木工程师布斯先生在一家餐馆里吃饭,偶然看到椅子背上满是灰尘,他忍不住上去吹了一下,结果,扬起的灰尘呛得他喘不过气来。这的确是件很倒霉的事情,可是,却让布斯受到了启发。他想:灰尘可以吹出去,自然也可以吸收到一起。这样的话,尘土就不会飞得到处都是,而是收集到同一个地

满足孩子好奇心理

方，比吹掉或者扫掉方便得多。于是，他满怀信心地开始研制自己的产品。不久，第一台吸尘器诞生了。它包括一个气泵、一个装灰尘的铁罐和过滤装置。这些装置全部都安装在一辆车上。使用时，需要两个人操作，一人用气泵抽气，另一个人则拿着管子吸尘。后来，布斯又解决了从空气中滤去灰尘的问题，成了第一个真空吸尘器的发明者。

最初的吸尘器虽然发挥了很大的作用，但是，一般的家庭是无法把这样一个庞然大物摆在家里的。于是，一位美国人根据布斯的研究原理进一步探索，用一个小型马达带动一个抽气机，并且在吸气口安上旋转刷，使刷子刷下的尘土很容易被吸入吸尘器内，效果非常好。因此，小型吸尘器一经投入市场，立刻就受到了人们的热烈欢迎。这种吸尘器直到今天，也一直是家庭生活中非常得力的好帮手。

小朋友，在生活和学习中，不要墨守成规，要敢于打破固定的想法，要积极开动自己聪明的头脑，这样，才会有新的发明或发现。

庞大的铁马

今天,当一列列火车风驰电掣般从我们面前闪过,又迅速从视野中消失时,我们禁不住会发出由衷的赞叹。那么,如此快捷而又舒适的交通工具是如何被发明的呢?

18世纪初,随着社会生产力的发展,人们急需一种比马车装得更多、速度更快的新型车辆。在这种情况下,英国人瓦特首先发明了蒸汽机。随后,法国一位名叫居尼奥的炮兵军官,又研制成了一种用蒸汽机推动的"蒸汽汽车"。用

它来牵引大炮，大大加强了炮兵部队的机动性。从此，以机器为动力的现代车辆蓬勃发展起来。

不久，在普通道路上运行的蒸汽机车开始出现，但由于车子过于笨重，在道路上难以行驶，最终没有被广泛应用。后来，英国工程师斯蒂芬逊总结经验，做出了一个极有远见的重大决断。他决定把蒸汽机车放在铁轨上行驶，并在车轮上加了凹槽，以防止出轨，又在承重的两条铁轨间加装了一条有齿的轨道。

1825年，斯蒂芬逊的蒸汽机车火车头问世了。但问题依然存在：机车的噪音太大，速度也不快。针对这些缺陷，斯帝芬逊经过改进，重新设计了一辆火车，将它命

满足孩子好奇心理

名为"运动号"。

1825年9月27日,"运动号"从斯多克顿出发,铁路运输事业便从这天开始了。

此后,火车速度快、平稳、舒适、安全可靠的优越性逐渐体现出来。直到今天,火车仍然是世界上最重要的运输工具之一,在国民经济的发展中发挥着巨大作用。

启迪

小朋友,你知道吗?铁轨是先于火车出现的。1767年,英国的金属大跌价,铁工厂老板将铁浇铸成长长的铁条,铺在工厂的道路上。人们发现,车辆走在铺着铁条的路上,既省力又平衡。这样,铁轨便先于火车诞生了。

征服天空

人们发明了汽车、船舶,从而能够在地面上和海洋上自由行进,但是,对于天空的探索,却经历了诸多的艰难险阻。为了征服天空,人们付出了许多沉重的代价。热气球就是一种在天空中行进的工具。现在,我们来认识一下热气球吧。

说起热气球,就不得不从三国时期的"孔明灯"说起。

三国时期,诸葛亮偶然发现:生火的时候,烟会随着热气上升。根据这一现象,他推想:热气是不是能够推动其他的物体一起上升呢?于是,他动手用薄棉纸做了一个灯笼,在灯笼里

满足孩子好奇心理

面装上棉球,当棉球被点燃后,奇迹出现了:这个灯笼腾空而起!这让诸葛亮非常惊喜。他

立即动手改进方案,并将这种能够腾空的灯笼命名为"孔明灯"。"孔明灯"是世界上最早、最原始的热气球,是现代热气球的鼻祖。

宋元时期,欧洲的传教士来到中国,将中国大量的先进文化引入西方。1783年6月4日,法国蒙戈菲尔兄弟受到中

国"孔明灯"的启发，制造了第一个热气球。这是一个良好的开端，蒙戈菲尔兄弟看到了希望。同年11月20日，经过他们研究改进的热气球在巴黎市区进行了载人试飞实验。这次飞行得到了包括国王在内的近40万名观众的关注，历时25分钟，飞越了半个巴黎，取得了巨大成功。从此，人类征服天空的时代开始了。

启迪

早在两千多年前的蜀汉时期，先民就发明了"孔明灯"，这是世界上最早的飞行器。它是根据热空气比冷空气密度小的原理做出来的。你感兴趣的话，就认真学习吧！

满足孩子好奇心理

家庭生活的快乐使者

20世纪初，无线电技术广泛应用于通信和广播后，人们对"听"开始疲惫了，希望能够将收听到的各种信息扩展为视觉上的满足。

18岁的英国青年贝尔德是个喜欢思考的年轻人，他十分热衷于对这种新型通讯设备的研究。他家境贫寒，没有足够的资金购置研究器材，但这并没有使他的希望打折。他就地取材，用脸盆和箱子等材料进行研究，终于研究出一套有关电视机的最初原理。

贝尔德把脸盆与箱子相连，在箱子上安放一台旧马达，靠它转动带有小孔的马

粪纸制成的"扫描圆盘",这样,就可以把场景分成许多明暗程度不同的小光点发射出去。经过多次改进,他终于把一朵"十字花"发射到了屏幕上。虽然图像忽隐忽现,十分不稳定,但是,它却是世界上第一套电视发射机和接收器。

人们了解了他的发明后,开始给予他鼓励和支持。经过不断探索,贝尔德的实验终于有所突破。他将一个人的图像发射到了屏幕上,图像十分逼真,眼睛、嘴巴甚至眉毛和头发都清晰可见。

一台真正意义上的电视机宣告诞生了。但贝尔德对电视机继续探索的脚步并没有停止。1929年,贝尔德通过英国广播公司发射机开始了他的首次电视服务。

后来,贝尔德又研制成功了彩色电视机。

非常遗憾的是，贝尔德在1946年去世，没能亲眼看到自己的彩色电视机在英国广播公司首次播放节目。他发明的第一台电视机，就陈列在英国的科学博物馆中。

启迪

世界上许多发明家，其中包括最伟大的科学家和工程技术大师，都想发明能传播现场实况的电视机，但都没有成功。小时候就爱科学、喜欢动脑筋的贝尔德帮助人们完成了这个愿望，他的探索精神多么值得我们学习啊！

将电随身带

你知道吗,汽车上使用的蓄电池又被称做"伏特电堆",它是由一个名叫伏特的意大利物理学家发明的。

很偶然的一次机会,伏特看到了解剖学家加伐尼的论文。文章主要论述了一个鲜为人知的问题:动物肌肉里贮存着电,通过金属接触肌肉可以把电引出来。

伏特非常感兴趣,决定亲自来做这个实验。他用许多只活青蛙反复实验。但是,最后他发现,并非动物肌肉中原本就携带着电,而是因为两种不同的金属接触产生了电流,才使蛙腿有了触电反应。

发现了这一有趣的现象之后,伏特开始对电学产生浓厚的兴趣,决定更深入地了解电的来源。他尝试过许多种奇怪的实验来寻找电的来源。

一天，他拿出一块锡片和一枚银币，把这两种金属放在自己的舌头上，然后叫助手用金属导线把它们连接起来，霎时，他感到满嘴的酸味儿。接着，他将银币和锡片交换了位置，当助手用金属导线接通的一瞬间，伏特感到满嘴的咸味儿。于是，他认为，两种金属在一定的条件下就能产生电流，只要能把这种电流引出来，就会有很大的用途。

伏特经过反复实验，终于发明了被后人称做"伏特电堆"的电池。

这就是在铜板和锌板中间夹上卡纸和用盐

水浸过的布片，一层一层堆起来的蓄电池。

后来，电化学家开始用锌做负极，二氧化锰为正极，用氯化铵溶液做电解质，这是电池发展的重大转折。在此基础上，人们将淀粉加入氯化铵中制成糊状电解质。这样，锌锰电池成了"干电池"。

20世纪初，手电筒发明以后，干电池进入了广大民众的生活之中。

小朋友，你知道吗？为了纪念伏特的贡献，人们把电压的计量单位定为伏特。这些趣事你将来学习物理知识时就知道了。

满足孩子好奇心理

建筑的粮食

水泥被人们称为建筑的粮食,它在人类文明史中占有非常重要的地位。

水泥的发明经历了一个漫长的历史过程。人类早在三千多年前就已经懂得用石灰做建筑材料了,然而,发明水泥的历史却只有二百多年。现在,就让我们来了解一下水泥的发明历程吧。

1756年,英国的一座灯塔突然失火烧毁,政府命令工程师史密顿以最快的速度重建一座灯塔。刚开始,人们将当时常用的建筑材料"罗马砂浆"运到了灯塔所在的小岛上。

　　史密顿发现石灰石中混有许多杂质，很不满意，但时间紧迫，也只好将就了。可没想到的是，用这种混有杂质的石灰石烧出来的石灰，性能却好得出奇，它将石头黏结得非常结实。以前，从没达到过这种效果。史密顿想：这种石灰石中肯定有名堂。

　　于是，他马上对其杂质进行化验，结果发现，这种含有黏土的石灰石经煅烧和细磨处理后，加水制成的砂浆能慢慢硬化，在海水中的强度比"罗马砂浆"高得多，还能耐海水的冲刷。史密顿有意地将黏土和石灰石按一定比例进行煅烧，烧出来的"石灰"性能果然十分理想，所以，史密顿便将它命名为"水硬性石灰"。

18世纪的欧洲工业革命,推动了胶凝建筑材料的发展,继"水硬性石灰"发明之后,1796年"罗马水泥"出现,1824年英国政府发布第一个"波特兰水泥"专利,就这样,水泥在西方诞生了。后来,经过不断改进,到19世纪中期,水泥的性能和功用都有了突飞猛进的发展,首先传遍了欧洲,继而传到世界其他地区,广泛应用于建筑领域。

启迪

小朋友,你喜欢观望城市里的摩天大厦吗?你感受到了四通八达的公路带给人们的便利了吗?这些都是水泥的功劳。现在,水泥已成了现代社会中不可或缺的建筑材料。

水下的偷袭者

千百年来,浩瀚无边的海洋犹如一个瑰丽的宝藏,吸引着人类去探寻征服。为了探寻海洋深处的奥秘,人类发明了各种交通工具,以实现征服海洋的梦想。潜艇作为唯一的潜水工具,更被寄予厚望。

1624年,荷兰人德雷贝尔经过反复试验,终于制成世界上第一艘潜艇。这是一艘用木料制成、表面蒙了一层油的牛皮潜水船,船上载有12名水手,船内装有羊皮囊充当水柜。下潜时,羊皮囊内灌满水;上浮时,囊内的水被挤出去;航行时,就用人力

满足孩子好奇心理

划动木桨而行。德雷贝尔的潜水船被认为是潜艇的雏形,他本人也被称为"潜艇之父"。

新式武器的发展往往离不开战争,战争的迫切需要可以迅速催生出各种新

式武器，潜艇也不例外。

在1776年的美国独立战争中，由美国的戴维特·布什内尔研制的新式潜艇"海龟"艇第一次登上了战争舞台。虽然"海龟"艇最终并没有取得辉煌的战果，但它揭开了潜艇实战的序幕，使人们认识到潜艇在海战中的巨大潜力。

从18世纪末到19世纪初，潜艇进入了快速发展时期。

美国"鹦鹉螺"号潜艇首次使用了水平舵，改善了潜艇的操纵性；德国"火焰"号潜艇开创了潜艇历史上艇员逃生并且获得成功的先例；1960年7月，美国制成世界上第一艘战略导弹核潜艇"乔治·华盛顿"号等等。潜艇的明显进步，使其在战争中的作用越来越不容忽视。

满足孩子好奇心理

潜艇能够出其不意地袭击敌人，从而大大改变了传统海战的格局，成为各国海军重要的力量，我国也不例外。1982年，我国潜艇在水下向预定海域发射运载火箭获得成功，这说明我国已经拥有独立研制战备导弹潜艇的能力。

启迪

潜艇在海中如同蛟龙般灵活，上浮下沉，悠然自得。这是为什么呢？因为呀，当物体重力大于浮力时，物体就下沉；当物体重力小于浮力时，物体就浮起。潜艇就是利用水柜调节其所受的浮力，来进行自由沉浮的。

太阳跳下来

太阳觉得待在天上太没意思了,就跳到了小河里。

太阳高兴地说:"真是太好了!我正好可以洗个澡,然后,再去找鱼儿玩一玩。"

太阳泡在冰凉冰凉的河水里,慢慢地洗起了光溜溜的身子。这一洗可糟啦!太阳的身上像火一样烫,热气散到水里,过一会儿,河水就冒起了泡泡,河面上升起白蒙蒙的蒸汽。鱼儿们都慌慌张张地叫起来:"太阳,太阳,你赶快离开

这里吧!河水被你弄烫了,我们可受不了啦!"

太阳只好爬上岸来,身子湿漉漉的,还淌着水,于是,就坐在草地上休息,想让风儿把自己的身子吹干。可是没过多久,屁股下面的青草竟然烫焦了,身边的树木也都烤黄了。蝴蝶和鸟儿都赶紧飞起来,大家都说:"太阳,太阳,你赶快离开这里吧!你的身子像火一样烫,树木花草都被你烫死了,连空气都被你弄烫了,害得我们没法再待下去。"

太阳红着脸离开了草地。这时,太阳听说小朋友们在公园里跳舞,就飞快地跑了去。刚走进公园门口,太阳就忍不住地跳起舞来,就像皮球那样一蹦一跳的,挺特别。太阳快活地说:"真痛快呀!我在天上的时候,从来没有这样跳过舞呢!"跳着跳着,天气渐渐热起来,小朋友们脱掉了衬衫和长裤，可还是热得透不过气来，汗水流个不停，舞也不跳了，大家只好坐在草地上休息。

太阳走过来，奇怪地问："小朋友们，你们怎么不跳了？我们一起跳吧！"

噢，原来是太阳来了，怪不得天气这么热！小朋友们赶快喊道："太阳，太阳，你千万别靠近我们！你太热了，我们受不了。"

这时，"丁零零！"

公园门口的电话响了,电话里面说:"我们要找找太阳,听说太阳在你们公园里,请太阳快回来吧,我们这里快冷死了!"

太阳叹了一口气,说:"唉,看样子,我还是应该回到天上去。尽管天上没有地上好,可有什么办法呢?我在地上尽给大家添麻烦,多不好呀!"

后来,小朋友们看太阳在天上太孤单了,就经常唱歌给太阳听,跳舞给太阳看。

太阳高兴地笑了。

启迪

小朋友,当你在冬天晒太阳的时候,或者在夏天晾衣服的时候,你想过太阳为什么有那么多热量吗?以后,要多多思考哦!

图书在版编目（CIP）数据

SQ·满足孩子好奇心理/张新欣主编.—天津：天津科学技术出版社，2012.3（2019.6重印）

（中国学生培优Q计划）

ISBN 978-7-5308-6859-1

Ⅰ.①S… Ⅱ.①张… Ⅲ.①灵感思维–青年读物②灵感思维–少年读物 Ⅳ.①B804.3-49

中国版本图书馆CIP数据核字（2012）第043510号

SQ·满足孩子好奇心理
SQ MANZU HAIZI HAOQI XINLI

责任编辑：郑　新

出　　版：	天津出版传媒集团 天津科学技术出版社
地　　址：	天津市西康路35号
邮　　编：	300051
电　　话：	（022）23332674
网　　址：	www.tjkjcbs.com.cn
发　　行：	新华书店经销
印　　刷：	三河市燕春印务有限公司

开本 700×1000mm 1/16　　印张 9　　字数 150 000
2019年6月第1版第3次印刷
定价：29.80元